全民应急避险科普丛书
QUANMIN YINGJI BIXIAN KEPU CONGSHU

金属非金属矿山事故应急避险指南

JINSHU-FEIJINSHU KUANGSHAN SHIGU
YINGJI BIXIAN ZHINAN

中国安全生产科学研究院 编

中国劳动社会保障出版社

图书在版编目（CIP）数据

金属非金属矿山事故应急避险指南 / 中国安全生产科学研究院编. -- 北京：中国劳动社会保障出版社，2024. --（全民应急避险科普丛书）. -- ISBN 978-7-5167-6265-3

Ⅰ.TD77

中国国家版本馆 CIP 数据核字第 2024CP1801 号

中国劳动社会保障出版社出版发行

（北京市惠新东街 1 号　邮政编码：100029）

*

北京市艺辉印刷有限公司印刷装订　新华书店经销

787 毫米 ×1092 毫米　32 开本　2.875 印张　45 千字

2024 年 12 月第 1 版　2024 年 12 月第 1 次印刷

定价：15.00 元

营销中心电话：400-606-6496

出版社网址：https://www.class.com.cn

版权专有　　侵权必究

如有印装差错，请与本社联系调换：（010）81211666

我社将与版权执法机关配合，大力打击盗印、销售和使用盗版图书活动，敬请广大读者协助举报，经查实将给予举报者奖励。

举报电话：（010）64954652

编 委 会

主 任

张瑞新　周福宝

副主任

高进东　付士根　李全明　李振涛

主 编

张晓蕾　张　红

副主编

魏　杰　付搏涛　苗永春

编写人员

褚衍玉　张　洁　姚志强　杨文涛　李　钢
张文涛　季淮君　梁玉霞　毕　艳　谢子彬

前　言

我国幅员辽阔，由于受复杂的自然地理环境和气候条件的影响，一直是世界上自然灾害非常严重的国家之一，灾害种类多、分布地域广、发生频次高、造成损失重。同时，我国各类事故隐患和安全风险交织叠加。在我国经济社会快速发展的同时，事故灾难等突发事件给人们的生命财产带来巨大损失。

党的十八大以来，以习近平同志为核心的党中央高度重视应急管理工作，习近平总书记对应急管理工作作出了一系列重要指示，为做好新时代公共安全与应急管理工作提供了行动指南。2018年3月，第十三届全国人民代表大会第一次会议批准的国务院机构改革方案提出组建中华人民共和国应急管理部。2019年11月，习近平总书记在中央政治局第十九次集体学习时强调，要着力做好重特大突发事件应对准备工作。既要有防范风险的先手，也要有应对和化解风险挑战的高招；既要打好防范和抵御风险的有准备之战，也要打好化险为夷、转危为机的战略主动战。因此，做好安全应急避险科普工作，既是一项迫切的工作，又是一项长期的任务。

面向全民普及安全应急避险和自护自救等知识，强化安全意识，提升安全素质，切实提高公众应对突发事件的应急避险能力，是全社会的责任。为此，中国安全生产科学研究院组织相关专家策划编写了"全民应急避险科普丛书"（共12分册），这套丛书坚持实际、实用、实效的原则，内容通俗易懂，形式生动活泼，具有针对性和实用性，力求成为全民安全应急避险的"科学指南"。

我们坚信，通过全社会的共同努力和通力配合，向全民宣传普及安全应急避险知识和应对突发事件的科学有效方法，系统认知自然灾害和安全生产事故过程，全民的应急意识和避险能力必将逐步提高，人民的生命财产安全必将得到有效保护，人民群众的获得感、幸福感、安全感必将不断增强。

由于编者能力和水平所限，书中难免有不当之处，恳请广大读者给予批评指正。

编者

2024 年 6 月

目 录
Mulu

一、金属非金属矿山事故现状分析

1. 金属非金属矿山事故总体情况 / 3
2. 金属非金属矿山类型 / 5

二、金属非金属矿山安全常识

1. 金属非金属矿山事故主要类型及原因分析 / 11
2. 常用自救装备及其使用方法 / 19

三、金属非金属矿山事故预防与应急避险措施

1. 中毒和窒息事故 / 29
2. 火灾事故 / 33
3. 透水事故 / 39
4. 爆破事故 / 44
5. 坠罐跑车事故 / 49

6. 冒顶坍塌事故 / 55

7. 边坡垮塌事故 / 60

8. 尾矿库溃坝事故 / 63

四、典型案例

1. 某铜矿较大中毒和窒息事故 / 69

2. 某矿山井下重大火灾事故 / 71

3. 某铁矿重大透水事故 / 73

4. 某采石场较大爆破事故 / 75

5. 某石膏矿区采空区重大冒顶坍塌事故 / 77

6. 某铁矿特别重大排土场边坡垮塌事故 / 79

7. 某矿区特别重大尾矿库溃坝事故 / 81

一、金属非金属矿山事故现状分析

Jinshu-feijinshu Kuangshan Shigu Xianzhuang Fenxi

金属非金属矿山事故现状分析

1. 金属非金属矿山事故总体情况
2. 金属非金属矿山类型

1. 金属非金属矿山事故总体情况

我国的矿产资源十分丰富，截至 2022 年年底，我国已发现的矿种有 173 种，其中，金属矿产 59 种，非金属矿产 95 种。2013—2022 年，我国金属非金属矿山安全生产形势持续稳定好转，生产安全事故由 2013 年的 659 起、死亡 852 人逐年降至 2022 年的 199 起、死亡 273 人，实现事故起数、死亡人数连续 10 年"双降"。与 2013 年相比，2022 年我国金属非金属矿山事故起数和死亡人数下降了 69.8% 和 68.0%。

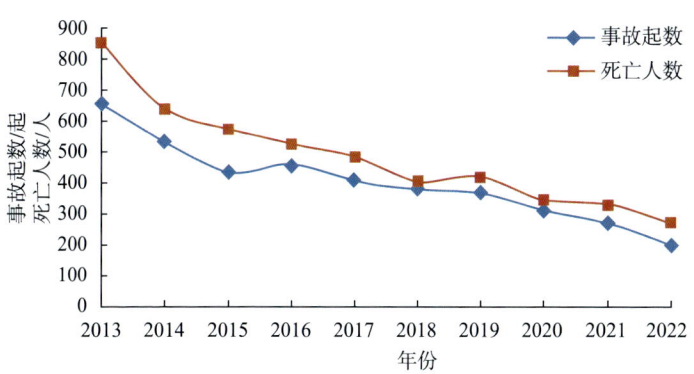

近年来，我国国民经济快速发展，矿产品产量不断增加。2022 年与 2013 年相比，我国 GDP（国内生产总值）增长 1.1 倍，粗钢产量增长 30.7%，10 种有色金属产

量增长72.0%。尽管如此，我国金属非金属矿山安全生产工作仍然存在着很多问题，尤其是矿业经济发展方式没有根本改变，金属非金属矿山数量多、规模小、分布散、基础差的问题没有得到根本解决。据统计，截至2023年年底，我国金属非金属矿山约2.6万座，尾矿库约0.53万座。其中，小型金属非金属矿山数量占金属非金属矿山总量的67.7%，四等、五等小型尾矿库数量占尾矿库总量的81.5%。小型矿山普遍存在安全基础薄弱、安全保障能力差、应急管理能力弱等问题，因此生产安全事故多发。

2. 金属非金属矿山类型

按照生产类型划分,我国金属非金属矿山可分为地下矿山和露天矿山。其中,金属非金属地下矿山约7 600座,占比约28.9%;金属非金属露天矿山约18 700座,占比约71.1%。

(1)地下矿山

我国金属非金属矿山进入地下800 m以下深度开采的有近120座,单班下井超过30人的地下矿山有近670座。

工业上将矿山正常生产所需布置的一系列工程统称为矿山生产系统,即开拓系统、提升运输系统、供电系统、排水系统、充填系统、供水系统、通风系统等。

为提高矿山安全生产保障能力,国家强制要求金属非金属地下矿山建立和完善监测监控、井下人员定位、供水施救、压风自救、井下通信联络、紧急避险"六大系统"。

(2)露天矿山

露天矿山是采用露天开采方式开采矿产资源的生产经营单位。

露天矿山开采工艺分为穿孔、爆破、采装、运输、排土。

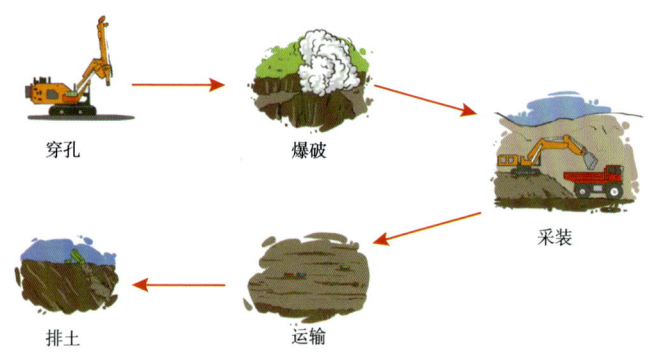

其中,爆破是露天矿山开采的重要工艺之一,其目的是破碎坚硬的矿岩,为采装、运输提供块度适宜的挖掘物。爆破作业流程分为装药、填塞、连线和爆破。

(3)排土场

露天开采的一个重要特点是剥离覆盖在矿床上部及其周边的表土和岩石,并将其运至专设的场地排弃。这种专设的排弃岩土的场地称为排土场(或废石场)。排土场是一种巨型人工松散堆垫体,存在严重的安全问题。排土场一旦失稳,将导致矿山排土场灾害和重大工程事故,不仅影响矿山的正常生产,而且会使矿山遭受巨大的经济损失。

(4)尾矿库

尾矿库是指用以堆存金属非金属尾矿和澄清尾矿水的

场所。尾矿库是具有高势能的人造泥石流危险源，存在溃坝危险，一旦失事，容易造成重特大事故。我国尾矿库总量居世界前列，安全风险较高的"头顶库"（下游1 km距离内有居民或重要设施的尾矿库）多达670座。

二、金属非金属矿山安全常识

Jinshu-feijinshu Kuangshan Anquan Changshi

金属非金属矿山安全常识

1. 金属非金属矿山事故主要类型及原因分析
2. 常用自救装备及其使用方法

1. 金属非金属矿山事故主要类型及原因分析

金属非金属矿山与其他工业领域相比,生产环节多,生产条件复杂多变,影响安全的因素很多,易造成重大人身伤亡事故,因而属于高危行业。

金属非金属矿山主要事故类型有中毒和窒息事故、火灾事故、透水事故、爆破事故、坠罐跑车事故、冒顶坍塌事故、边坡垮塌事故、尾矿库溃坝事故等。

(1) 中毒和窒息事故

中毒和窒息事故是指在生产条件下,有毒物质进入人体引起的急性中毒以及在缺氧条件下发生的窒息事故。在地下矿山生产过程中,有毒物质主要是地下矿山爆破作业产生的一氧化碳、氮氧化物等,一旦被人体吸入,极易引发事故。

中毒和窒息事故危险性及死亡率较高。据统计,在各类矿山事故中,每年中毒和窒息事故起数排在第3位,仅次于冒顶坍塌事故和边坡垮塌事故。

可能发生中毒和窒息事故的主要场所:①爆破后的工作面;②炮烟经过的巷道;③炮烟积聚的采空区;④炮烟进入的硐室、盲巷、盲井;⑤通风不良的巷道、采空区。

可能引起中毒和窒息事故的有毒有害气体：①矿体氧化形成的硫化物与空气的混合物；②开采过程中遇到的溶洞、采空区积聚的有害气体；③巷道中存在的有毒气体；④火灾后产生的有毒烟气；⑤机械设备产生的废气；⑥放炮后的炮烟。

（2）火灾事故

火灾事故是指在时间和空间上失去控制的燃烧所造成的灾害。根据发生的地点不同，可将火灾分为地面火灾和井下火灾两类。凡是发生在矿井作业场所的厂房、仓库、井架、露天矿场、矿仓、储矿堆等处的火灾，称为地面火灾；凡是发生在井下硐室、巷道、井筒、采场、井底车场以及采空区等地点的火灾，称为井下火灾。若地面火灾的火焰或其产生的火灾气体、烟雾随风流进入井下，威胁矿井生产和作业人员安全的，也称为井下火灾。

矿山火灾多由明火、电火花、摩擦火花、爆破等外部热源引起，是采矿生产中的一大灾害。它不但会影响采矿作业的正常进行，恶化井下作业条件和污染地面大气，而且会使可采矿量降低，提高生产成本，还可能造成严重的人员伤亡。火灾发生后产生的热风压，通常称为火风压，可以使通过矿井的总风量增加或减少，还可以使一些风流反向流动，打乱通风系统的正常运行。火灾产生的烟气除对人体造成危害外，还会腐蚀井下的生产设备。

火灾事故总量虽小,但易造成群死群伤,因此,控制火灾事故是杜绝金属非金属矿山重特大事故的关键之一。

(3)透水事故

透水事故是指矿井在建设和生产过程中,防治水措施不到位导致地表水和地下水通过裂隙、断层、塌陷区等各种通道无控制地涌入矿井工作面,造成作业人员伤亡或矿井财产损失的水灾事故。

井下采掘工作面透水之前,往往会出现一些异常现象,预示井下透水事故即将发生。其主要预兆:①岩壁

"挂汗"或"挂红"。积水透过岩石裂隙凝聚在岩壁表面呈水珠状，称为"挂汗"。当积水中含有铁的氧化物时，积水透过岩壁会留下暗红色水锈，称为"挂红"。②岩层里发出"嘶嘶"的水叫声。这是压力较大的积水经过岩层裂缝挤出时，水与岩层裂缝摩擦的声音。③工作面温度下降，空气变冷，出现雾气。积水温度较低，巷道中进风温度相对较高，就会产生雾气。而在地热影响较大的矿井，地下水温度偏高，当接近积水区时，温度反而会升高。④顶板淋水加大，出现压力水流。若出水清洁，说明距水源较远；若出水浑浊，表明已临近水源。⑤巷道或工作面顶板、底板压力增大，岩石变形，发生冒顶片帮，产生裂隙，出现渗水，水色发浑，有臭鸡蛋气味等。

（4）爆破事故

爆破事故是指施工时，爆破作业造成的伤亡事故。

爆破事故是金属非金属矿山的主要灾害之一。尽管我国矿山爆破器材质量和爆破技术水平有了长足进步，但由于炸药本身易爆且能量巨大，同时受到作业人员素质不齐等因素的影响，在实际生产过程中，使用不当或爆破后处理不当易引发爆破事故。

爆破事故可分为两种类型：一种是爆破造成人员伤亡，建（构）筑物破坏；另一种是爆破作业过程中发生拒爆事故。造成爆破事故的主要原因是作业人员在爆破作业中违反爆破安全操作规程,对爆破安全认识不足等。

(5)坠罐跑车事故

坠罐跑车事故可分为竖井坠罐事故、凿井吊桶坠落事故、斜井跑车事故。

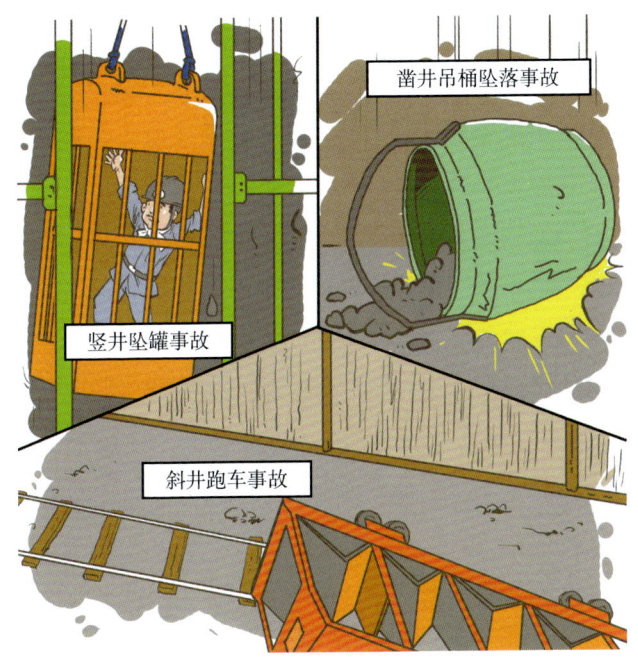

提升运输是地下矿山正常生产的主要环节,也是作业人员出入井的主要方式。竖井坠罐事故是矿井提升运输系统事故的主要类型,一旦发生坠罐跑车,很容易造成群死群伤事故。

凿井吊桶坠落事故是指在井筒向下掘砌过程中，井筒提升悬吊系统意外发生断绳或物体、人员坠入井筒内而造成的人员伤亡、设备损坏、生产中断等事故。

斜井跑车事故是指在斜井提升或下放车辆时，矿车失控沿着斜井坠下的事故。

（6）冒顶坍塌事故

冒顶坍塌事故是指矿井采掘时，巷道顶板在矿山压力作用下变形、坍塌引起的事故。

冒顶坍塌事故主要原因：①对小型矿山复杂的地质条件认识不清；②顶板管理方法不当；③未按照设计参数进行开采或设计参数不合理。

近年来，冒顶坍塌事故起数在金属非金属矿山事故中排名第一，远高于边坡垮塌、中毒和窒息。有效防范冒顶坍塌事故是减少金属非金属矿山事故总量、遏制较大事故的重中之重。

（7）边坡垮塌事故

边坡是露天采场的构成要素之一，是由台阶和运输坑线等构成的倾向采场的坡面，贯穿于矿山开采活动的始终。

边坡垮塌主要分为采场边坡坍塌、排土场边坡坍塌以及矿山运输道路边坡滑坡等。边坡垮塌主要发生在台阶爆破、铲装、运输作业过程中，发生场所主要位于采剥工作面、边坡、排土场、矿石堆场等。边坡垮塌的主要原因：①边坡土质太软发生塌陷；②台阶放坡系数太小，边坡塌方；③地下有软弱土层、流沙或地下水；④阶段高度、总堆置高度等参数不合理；⑤坡脚采石、取土破坏边坡稳定性等。

边坡垮塌将危及下一台阶铲装运输作业的设备、人员和在上一台阶作业的凿岩设备和人员，易引起重大生产安全事故。因此，预防边坡垮塌是露天矿山安全生产工作的重中之重。

（8）尾矿库溃坝事故

金属非金属矿山开采出的矿石经铲装、运输、破碎后，由选矿厂选出有价值的矿石，剩下的矿渣称为尾矿。利用有利地形，围筑堤坝，形成一定的容积，将尾矿排入其中的设施，称为尾矿库。尾矿库是维持矿山正常生产的必要设施。

尾矿库常见类型有山谷型、傍山型、平地型、截河型。尾矿库溃坝原因主要有洪水漫顶、坝体裂缝、渗透破坏、坝体滑坡等。尾矿库通常具有高势能，一旦失事，会产生泥石流，将严重危及下游人民的生命财产安全，破坏生态环境。

2. 常用自救装备及其使用方法

配备自救装备是保障地下矿山生产安全，防范中毒和窒息的有效措施之一。《金属非金属地下矿山监测监控系统建设规范》（AQ 2031—2011）明确要求，地下矿山应配置足够的便携式气体检测报警仪。人员进入采掘工作面时，应携带便携式气体检测报警仪从进风侧进入，一旦报警，应立即撤离。《金属非金属地下矿山紧急避险系统建设规范》（KA/T 2033—2023）规定，应为入井人员配备额定防护时间不少于 30 min 的自救器，并按入井总人数的 10%配备备用自救器，所有入井人员必须随身携带。同时，应进行专门培训，确保入井人员能够正确使用自救器。

（1）自救器

自救器是由入井人员随身携带、防止吸入有毒有害气体导致中毒或缺氧窒息的一种呼吸保护器具。自救器的主要用途是当矿山井下发生事故时，入井人员可以佩戴自救器通过存在有毒有害气体的井巷，迅速离开危险区。

自救器按其工作原理可分为过滤式自救器和隔离式自救器两类。隔离式自救器按氧气生成原理不同，又可分为化学氧自救器和压缩氧自救器两种。

种类	名称	防护的有毒有害气体	防护特点
过滤式自救器	一氧化碳过滤式自救器	一氧化碳	人员呼吸时所需的氧气由外界空气供给
隔离式自救器	化学氧自救器	不限	人员呼吸时所需的氧气由自救器本身供给，与外界空气无关
	压缩氧自救器	不限	

使用自救器前应谨记"一看、二感、三突、四意"要诀。一看：看到烟雾。二感：感到头痛和恶心或闻到着火

气味。三突：突然的压力急增。四意：意外的灰尘扬起。现场出现上述情况时，应立即佩戴自救器，及时撤离事发地点。

1）一氧化碳过滤式自救器。一氧化碳过滤式自救器是利用装有氧化剂的滤毒装置将有毒空气氧化成无毒空气供佩戴者呼吸用的呼吸保护器。一氧化碳过滤式自救器仅能防护一氧化碳一种气体，适用于空气中氧体积分数不低于18%和一氧化碳体积分数不高于1.5%的危险区。

①在井下作业，当发生火灾或爆炸时，必须立即佩戴自救器，撤离现场。

②佩戴自救器时，若空气中一氧化碳体积分数达到或超过0.5%，吸气会有干热的感觉，这是自救器有效工作的正常现象。必须佩戴自救器到安全地点，方能取下自救器，中途不可因干热而随意取下。

③佩戴自救器撤离时，应匀速行走，保持呼吸均匀。禁止狂奔和取下鼻夹、口具或通过口具说话。

④平时应避免碰撞自救器，也不得将其当坐垫使用，防止其因漏气而失效。

2）化学氧自救器。化学氧自救器是使人的呼吸器官与大气环境隔绝，利用化学生氧剂生成的氧供人呼吸，能防护有毒有害气体和缺氧时逃生用的呼吸保护器。

化学氧自救器使用步骤如下：

①确定佩戴位置：将腰带穿入自救器腰带内卡与腰带外卡之间，固定在背部右侧腰间。

②开启扳手：使用时，先将自救器沿腰带转到右侧腹

前，左手托底，右手下拉防护罩胶片，使防护罩挂钩脱离壳体，再用右手掰锁扣带扳手至封条断开，丢掉锁扣带。

③去掉上壳：左手抓住下壳，右手将上壳用力拔下。

④套上挎带：将挎带套在脖子上。

⑤戴好口具：拔出启动针，使气囊逐渐鼓起，立即拔掉口具塞并将口具塞入口中，口具片置于唇齿之间，牙齿紧紧咬住牙垫，紧闭嘴唇。

⑥夹好鼻夹：两手同时抓住两个鼻夹垫的圆柱形把柄，将弹簧拉开，憋一口气，用鼻夹准确地夹住鼻子。

⑦调整挎带：如果挎带过长，可以拉动挎带上的大圆环，使挎带缩短，待长度适宜后，将其系在小圆环上。

⑧有序撤离：上述操作完成后，有序撤离危险区。途中感到吸气不足时，不要惊慌，应放慢脚步，做深长呼吸，待气量充足后再快步行走。

3）压缩氧自救器。压缩氧自救器是利用压缩氧气供氧的隔离式自救器，每次使用后只需要更换吸收二氧化碳的氢氧化钙吸收剂和重新充装氧气，即可重复使用。压缩氧自救器用于存在有毒有害气体或缺氧的环境条件下。

压缩氧自救器使用步骤如下：

①携带时将其挎在肩膀上。

②使用时，先打开外壳封口带扳把。

③打开上盖,然后左手抓住氧气瓶,右手用力向上提上盖,此时氧气瓶开关即自动打开,随后将主机从下壳中拿出。

④摘下帽子,挎上挎带。

⑤拔下口具塞,将口具放入口中,牙齿咬住牙垫。

⑥将鼻夹夹在鼻子上,开始呼吸。

⑦在呼吸的同时,按动补给按钮1~2s,待气囊充满后立即停止(使用过程中发现气囊供气不足时,按上述方法操作)。

⑧挂上腰带钩。

(2)便携式气体检测报警仪

便携式气体检测报警仪根据采样方式,可分为泵吸式和扩散式;根据同时检测样品的种类,可分为单一气体检测报警仪、二合一气体检测报警仪、三合一气体检测报警仪、四合一气体检测报警仪、复合气体检测报警仪等。

以四合一气体检测报警仪为例,该检测报警仪是一种可以灵活配置的单种气体或多种气体检测报警仪,它可以配备可燃气传感器和任选2种有毒气体传感器,或任选4种有毒气体传感器,或任选单种气体传感器。四合一气体检测报警仪具有非常清晰的大液晶显示屏和声光报警提示,可保证在非常不利的工作环境下检测危险气体并及时提示作业人员注意。

便携式气体检测报警仪操作步骤如下:

1)确定待检测位置。

2)打开检测报警仪电源,待检测报警仪自检及预热完成,进入检测状态后,将探头置于待检测位置。

3)记录检测报警仪显示的气体浓度。

4)根据检测结果,依据相关应急预案做好处理。

三、金属非金属矿山事故预防与应急避险措施

Jinshu-feijinshu Kuangshan Shigu Yufang

Yu Yingji Bixian Cuoshi

金属非金属矿山事故预防与应急避险措施

1. 中毒和窒息事故
2. 火灾事故
3. 透水事故
4. 爆破事故
5. 坠罐跑车事故
6. 冒顶坍塌事故
7. 边坡垮塌事故
8. 尾矿库溃坝事故

1. 中毒和窒息事故

(1)事故预防措施

1)建立完善的矿井机械通风系统,改善矿井风流风质,开展矿井通风检测工作。

2)确定井下通风检测点,购置检测仪器仪表,安排人员定期检测矿井及工作面的风速、风量和风质,保障作业场所通风符合安全要求。

3)加强局部通风管理。在编制施工图和作业规程时,应按相关法律法规、标准规范的要求,进一步完善通风设计和爆破设计,明确施工顺序。

4)应按作业规程组织矿块采切施工,采场在通风井贯通之前,不得安排其他采切工程施工作业。

5)对掘进掌子面和局部通风不良的采场,应采取局部通风措施,保障作业场所的风速、风量和风质符合规定。

6)进入采掘工作面之前,应用局部通风机对作业地点进行通风,通风时间不少于 30 min。

7)加强爆破作业的通风管理,待有毒有害气体稀释到允许浓度以下后,方可进入工作面。

8)构筑通风设施,理顺矿井风路,及时封堵采空区

（废弃井巷、硐室）。对于停止作业并已撤除通风设备而又无贯穿风流通风的采场独头上山或较长的独头巷道，应设栅栏和警示标志，防止人员进入。

9）加强对作业人员基本应急知识和应急技能的培训，使其熟悉基本的救生逃生方法、常见事故应急处置措施和所在作业场所的逃生线路，提高现场应急处置能力。

（2）事故应急避险措施

1）对事故现场采取强制性的局部通风措施，并按应急程序开关有关的风门，及时调整风流路线，稀释有毒有害气体，为遇险人员撤离和抢险工作创造条件。

2）遇险人员要面向新鲜风流方向撤退。

3）救援人员应立即将中毒者移至新鲜空气处或地表。若在搬运中毒者途中受到有毒有害气体威胁，救援人员及中毒者均应戴好自救器。

4）救援人员应除去中毒者口中的假牙、黏液、泥土等，将中毒者衣领及腰带松开，确保中毒者呼吸道畅通，并注意保暖。

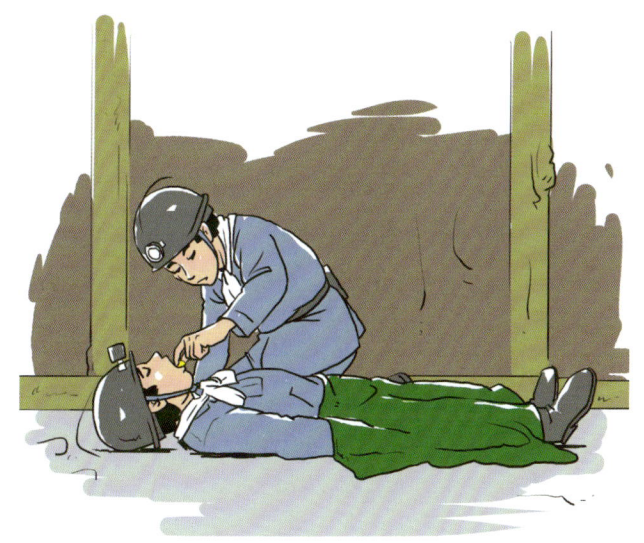

5）发生一氧化碳中毒后，若中毒者呼吸、心搏停止，应立即进行心肺复苏。

6）发生二氧化硫中毒后，对有发绀现象的中毒者，应立即输氧，保持呼吸道通畅，如有分泌物应立即吸出。

若中毒者呼吸停止，应立即进行人工呼吸。

7）发生氮氧化物中毒后，若中毒者呼吸困难，应立即输氧并给予必要的紧急处理。

8）当现场人员出现头痛、耳鸣、心搏加速、四肢无力、呕吐、流清鼻涕、呼吸困难、剧烈咳嗽、流泪等症状时，应面向新鲜风流方向迅速撤离，并立即向矿山调度室报告。

9）当中毒者无法撤离现场时，应面向新鲜风流方向俯卧在水沟中，并将毛巾、口罩、衣服等浸湿，遮住口鼻，等待救援。

2. 火灾事故

（1）事故预防措施

1）加强井下可燃物管理。尽量减少井下可燃物，新建和改（扩）建矿井应使用具备阻燃特性的动力线、照明线、输送带、风筒等设备设施，生产矿井应及时淘汰非阻燃电缆、非阻燃风筒、非阻燃输送带、主要井巷木支护等易燃物。

2）强化井下油品管理。将井下油品单独储存在安全的地方，避开火源，不得将其与其他可燃物混存。装油的铁桶应有严密的封盖，防止油类挥发后遇到火源引发火灾。储存动力油的硐室应独立回风，避免着火后产生的烟气直接进入回风巷道，以减少对井下其他区域的影响。

3）严格管理井下动火作业。动火作业必须经过严格审批，在确保不会引发火灾的情况下，方可进行。

4）加强机电设备的维修管理和巡视检查。保障机电设备的正常运行，重点防范开关、电缆短路、过载等引发电缆着火以及电动机过负荷引起电动机过热着火，注意避免井下柴油设备或油压设备漏油引发着火等。

5）强化井下明火管理。严禁在井下吸烟，严禁使用电炉、灯泡等进行防潮、烘烤、做饭和取暖活动，严禁用火炉或明火直接加热井内空气,严禁用明火烘烤井口冻结的管道等。

6)设置消防设施,储备充足的消防用水。

7)制定火灾事故现场处置方案,并定期进行演练。

8)定期对作业人员进行安全培训,使其熟悉井下的逃生路线、灭火设施的使用以及如何自救和互救。

(2)事故应急避险措施

井下若发现烟气或明火等火情,应立即通知附近的作业人员,尽快了解或判明事故的性质、地点、范围和事故区域的巷道情况、通风系统、风流、火灾烟气蔓延的速度和方向以及与自己所处巷道之间的关系,并根据矿井应急预案和现场实际情况确定撤离路线和避灾自救方法。同时,应迅速向矿山调度室报告,请求救援。

如果不能直接扑灭火灾或控制火情,应迅速撤离火灾现场,撤离时要注意以下事项:

1)任何情况下不可惊慌失措、盲目行动。

2)在保障自身安全的前提下,采取稳定风流、控制火势发展、防止人员中毒和预防爆炸的措施,并随时保持与地面指挥部的联系,根据地面指挥部的命令行事。

3)位于火源进风侧的人员,应迎着新鲜风流撤离。位于火源回风侧的人员或在撤离途中遇到烟气有中毒危险时,应迅速佩戴好自救器并尽快通过捷径绕到新鲜风流中,或在烟气到达之前顺着风流尽快从回风出口撤到安全地点;如果距火源较近而且越过火源没有危险时,也可迅速穿过火区撤到火源的进风侧。

4)如果在自救器额定防护时间内不能安全撤出,应在存储备用自救器的硐室换用自救器后再行撤离,或寻找有压风管路系统的地点,将压缩空气作为呼吸气源。

5)人员应靠巷道连通出口的一侧撤离,避免错过脱离危险区的机会,同时还要随时注意观察巷道和风流的变化情况,谨防火风压可能造成的风流逆转。

6）如果逆风或顺风撤离都无法躲避着火巷道或火灾烟气，则应迅速进入避难硐室；没有避难硐室时，应在烟气袭来之前选择合适的地点就地利用现场条件快速搭建临时避难硐室，进行避险自救。

7）在有烟雾的巷道撤离时，若烟雾浓度不高，应尽量躬身弯腰，低头快速前进；若烟雾大、视线不清或温度高，则应尽量贴着巷道底板和巷道侧壁，摸着钢轨或管道等爬行撤离。

8）在高温、有浓烟的巷道内撤离时，可利用巷道内的水浸湿毛巾、衣物或向身上淋水等进行降温，或利用物品遮挡头面部，以防高温烟气刺激。

9）在撤离过程中，若发现爆炸预兆，应立即避开即将爆炸的正面巷道，进入旁侧巷道，或进入巷道内的避难硐室。若情况紧急，应迅速背向爆炸源，靠巷道侧壁就地顺着巷道趴卧，面部朝下紧贴巷道底板，用双臂护住头面部并尽量减少皮肤外露部分。如果巷道内有水坑或水沟，则应顺势爬入水中，防止吸入爆炸火焰及高温有害气体，同时以最快的速度佩戴好自救器。爆炸过后要仔细观察，待无异常变化迹象，辨明情况和方向，沿着安全避险路线，尽快离开危险区，转入有新鲜风流的安全地带。

3. 透水事故

（1）事故预防措施

1）摸清老空积水情况。

2）接近可能发生水灾的水源时，必须查明水头压力和充水情况，根据矿岩硬度系数，确定合理的保安矿柱尺寸，并做好保安矿柱保护措施。

3）建立较为完善的排水系统，巷道掘进中必须配备排水设备并经常检修，保证正常使用。

4）落实探放水制度，严格按照"预测预报、有疑必探、先探后掘、先治后采"的防治水原则，落实"探、防、堵、疏、排、截、监"综合治理措施。

5）存在承压含水层时，如果安全水头值小于实际水头值，必须进行疏水降压的专门水文地质工作，将水压降至安全水头值以下后，方可进行采掘工作。

6）疏水降压钻孔应布置在富水地段。钻孔孔口的固定方法及安全控制等须进行工程设计，做到安全疏放水。

7）巷道穿过含水断层时，应确定探水线和警戒线，探水超前距离应大于 30 m。穿过含水断层时，应加强支护，严防冒顶；穿过含水断层后，应及时进行永久支护、灌浆，防止"滞后突水"。

8)各采掘工作面作业人员必须熟悉各区域的避险路线,掌握透水预兆。

(2)事故应急避险措施

井下出现透水事故后,事故现场人员不可惊慌失措、盲目行动,撤离时应注意以下几点:

1)透水后,应在保障安全的情况下迅速观察和判断透水的地点、水源、涌水量,根据灾害事故应急预案中规定的避险路线，迅速撤离到透水地点以上的水平，而不能进入透水地点附近及下方的独头巷道。

2）行进中，应靠近巷道一侧，抓牢支架或其他固定构件，尽量避开压力水头和泄水流，并注意防止被水中滚动的矸石和木料撞伤。

3）若巷道中的照明装置和路标被破坏，撤离过程中迷失行进方向时，应朝着有风流通过的上山巷道方向撤离。

4）在撤离沿途和所经过的巷道交叉口，应留设指示行进方向的明显标志，以提示救援人员注意。

5）人员撤到立井，须从梯子间上去时，应遵守秩序，禁止慌乱和争抢。行动中手要抓牢，脚要蹬稳，保护自己和他人的安全。

6）如果唯一的出口被水封堵而无法撤离时，应有组织地在独头上山工作面躲避，等待救援人员的营救。严禁盲目潜水逃生。

井下透水后被围困时，现场人员应保持镇定，遵循以下避险原则：

1）当现场人员被涌水围困无法撤出时，应迅速进入避难硐室，或选择合适地点快速搭建临时避难硐室避险。如果是老窑透水，则须在避难硐室处搭建临时挡墙或吊挂风帘，防止被涌出的有毒有害气体伤害。在进入避难硐室

前，应在硐室外留设明显标志。

2）在避险期间，遇险人员应保持良好的精神状态，做好长时间避险的准备，尽量使用1台矿灯照明或间歇照明，关闭其他矿灯。除轮流担任岗哨观察水情的人员外，其余人员均应静卧，以减少体力和氧气消耗。

3）避险时，应用敲击的方法有规律、间断地发出求救信号，向救援人员指示躲避处的位置。

4）长时间被困在井下，发觉救援人员前来营救时，不可慌乱，以防发生意外。

4. 爆破事故

（1）事故预防措施

预防爆破事故的重点是加强爆破器材井下领用、运送环节的管理。

1）爆破器材必须用专车运送，严禁用电机车或铲运机运送爆破器材，严禁炸药、雷管同车运送，严禁在井口或井底停车场停放、分发爆破器材。

2）严禁雷管等起爆器材与炸药在同时同地进行装卸。一人不得同时携带雷管和炸药，雷管和炸药应分别放在专用背包（木箱）内，不应放在衣袋里。

3）井下工作面所用炸药、雷管应分别存放在加锁的专用爆破器材箱内，严禁乱扔乱放。

4）严禁在井下炸药库 30 m 以内的区域进行爆破作业。在距离炸药库 30～100 m 区域内进行爆破时，严禁任何人在炸药库内停留。

5）爆破作业应由具备相应资质的设计单位和人员编制爆破设计书或说明书，并严格按设计施工，采用中深孔爆破。

6）爆破作业单位应当取得爆破作业单位许可证，爆破作业人员必须经过培训并取得专业资格，严禁无证上岗。

7）严格按规程作业，严禁投掷药包，严禁边打孔边装药，严禁烟火。

8）爆破前，应掌握天气情况，不得在夜间及雷雨、大雾、大风等恶劣天气条件下进行爆破作业。在雷电高发地区，应当选用非电起爆系统。

9）执行定时爆破制度，设置爆破警戒范围，不得在爆破警戒范围内避炮，无关人员不得进入爆破现场。

10）对爆破后产生的大块矿岩，应采用机械破碎，不得使用爆破方式进行二次破碎。

（2）事故应急避险措施

井下发生爆破事故后，不要惊慌失措、乱喊乱跑，事故现场人员撤离时应注意以下几点：

1)当听到爆破声响或感觉到空气冲击波时,应立即背朝声响和气浪传来的方向,脸朝下,闭上眼睛迅速卧倒。

2)头部应尽量低,最好趴在水沟边上或坚固的障碍物后面,立即屏住呼吸,用湿毛巾捂住口鼻,防止吸入有毒的高温气体,避免中毒与灼伤呼吸道和内脏。

3)尽量用衣服盖严自己身上的裸露部分,以防火焰和高温气体灼伤身体。

4)迅速取下自救器,按照使用方法戴好,以防止吸入有毒有害气体。

5)高温气浪过后,应立即辨别方向,以最短的距离进入新鲜风流中,并按照避险路线尽快撤离危险区。

6)当确保可以迅速撤离爆破事故地点时,应采取低头俯身的姿势,用随身物品遮挡住头部、腹部等要害部位,迅速撤离。

7)若离爆破事故地点较远,但爆破事故产生的烟尘气味较浓重时,不可点燃明火、使用手机,应迅速背向爆破事故烟尘产生的方向撤离至新鲜风流处,及时向矿山调度室报告,请求救援。

8）如果爆破事故产生了污染，应沿着上风方向撤离，尽量选择路面坚硬和没有扬尘的路段。撤离后应迅速脱掉暴露在污染环境中的衣物。

9）已无法撤离危险区时，应立即进入避难硐室，充分利用现场的一切防护器材和设备来保护自身和他人的安全。进入避难硐室后应注意安全，最好找到离水源近的地方，设法堵好硐口，防止有毒有害气体进入。注意节省矿灯用电，节约食品，并在硐室外做好标记，有规律地敲打连接外部的管道、钢轨等，发出求救信号。

5. 坠罐跑车事故

（1）事故预防措施

1）切实完善地下矿山提升运输设备设施。

①地下矿山提升运输系统必须符合规定的要求。

②严格按要求限期淘汰相关提升设备。

③升降人员的罐笼必须安装安全、可靠的防坠器，提升运输系统必须安装保护装置和可靠的信号装置。

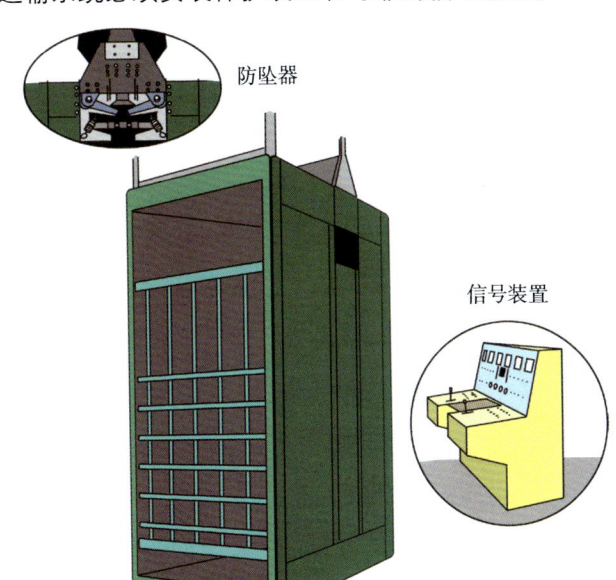

④提升矿车的斜井应设置常闭式防跑车装置、阻车器或挡车栏，设置有明显标志的避难硐室。倾角大于10°的斜井应设置轨道防滑装置。斜井人车应装设可靠的断绳保险器，每节车厢的断绳保险器应相互联结，各节车厢之间除连接装置外还应附挂保险链。

2）强化日常检查维护，严格落实定期检测检验制度。

①强化检测检验和维护保养制度。提升机、提升绞车、罐笼、防坠器、斜井人车、斜井防跑车装置、提升钢丝绳等主要提升装置应由具有安全生产检测检验资质的机构定期进行检测检验。

②建立定期检查维修制度，严格落实日常维护保养和安全检查，建立健全档案管理，将检查结果和处理情况记录存档。

3）加强地下矿山提升运输系统运行管理。

①严格执行提升运输设备设施安全运行管理制度，明确专人负责，督促作业人员严格执行安全操作规程。

②加强对提升运输系统操作人员的安全培训。提升机司机、信号工等特种作业人员必须经专门的安全技术培训并考核合格，持证上岗。

③加强提升运输管理。竖井提升时，同一层罐笼严禁同时升降人员和物料，不得用普通箕斗升降人员；斜井运输时，人员不得蹬钩，不得在运输道上行走，斜井用矿车

组提升时,不得人货混合串车提升。

4)加强作业人员管理。

①定期对作业人员进行安全培训,使其熟悉井下避险路线以及自救和互救知识。

②加强对大巷作业人员的管理,大巷内的所有作业人员必须穿反光背心,并在规定的范围内活动,作业范围的

两端应分别吊挂红色警示灯。

（2）事故应急避险措施

1）当罐笼、绞车等出现故障停车、人员被困时，罐笼操作人员、绞车司机应采取措施使罐笼、绞车处于安全制动状态，罐笼操作人员、绞车司机和现场维护人员应尽快查清故障原因，并对安全回路和设备进行全面检查。

2）当钢丝绳在运行中因紧急制动等被猛烈拉动时，司机必须立即停车，尽快了解乘坐人员的安全情况。如有人员受伤，应通知应急指挥部，制定抢险措施，组织抢救。

3）当发生断绳、断轴等造成跑车、坠罐事故时，应急指挥部应根据事故情况，制定抢险措施和方案，立即组织对受伤人员进行抢救。

4）事故现场位于斜坡、斜巷时，应设置警戒区域，严禁人员在事故现场下方停留。

5）坠罐事故发生后，提升机司机应立即采取紧急制动措施并确认罐笼位置和人员数量。如果罐笼因保护装置动作而停在竖井内，应先采取措施固定罐笼，再采取合理措施进行营救。

6）当罐笼接近停止位置而未减速时，乘罐人员应两手握紧罐内扶手，用力稳住身体，有条件的可使两腿悬空，以便在罐笼失控撞击井底承接装置时避免或减少对人体的伤害。当罐笼内人员较多时，未握住扶手的人也应靠边站立，并抓紧握住扶手的人，将两腿弯曲。

7）罐笼由于保护装置的作用紧急停止后，受困人员应发出求救信号，禁止在罐笼内往返走动、推拉，保持罐笼平衡稳定，耐心静待救援，不要冒险进入楼梯间。

8）罐笼失控撞击井底承接装置后，未受伤人员应立即在现场为伤员进行止血、包扎和骨折临时固定等，待升井后再送医救治。

6. 冒顶坍塌事故

（1）事故预防措施

1）加强顶板管理，落实顶板分级管理制度。

①井下检查井巷和采场顶帮稳定性、撬浮石、进行支护作业的人员应经专门的安全技术培训并考核合格，持证上岗。

②回采作业前，必须坚持敲帮问顶，处理顶板和两帮的浮石，确认安全后方可进行作业，大力推广撬毛台车代替人工撬毛作业；严禁在同一采场同时凿岩和处理浮石。

③发现冒顶预兆，应停止作业进行处理。发现大面积冒顶预兆，应立即通知井下作业人员撤离现场，并及时上报。

2）加强支护加固。

①加强工作面顶板的支护与维护，及时进行永久支护和临时支护，杜绝空顶作业。

②定期对所有支护的井巷进行检查，及时更换和维修变形的支架。

3）强化地压监测和采空区管理。

①必须摸清矿区范围内的采空区，禁止人员进入老窿及采空区采矿。

②采用留矿法、空场法采矿的矿山,特别是非金属矿山,应按照设计及时对采空区进行处理,严禁出现大面积未处理的采空区。

③严禁擅自回采保安矿柱。

④加强地压监测工作。工程地质复杂、有严重地压活动,以及开采深度大于800 m的深井矿山应建立并严格执行采空区监测预报制度和定期巡查制度;必须建立地压监测系统,发现大面积地压活动预兆,应立即停止作业,将人员撤至安全地点。

⑤地表塌陷区应设明显标志及栅栏,防止人员进入。

通往塌陷区的井巷必须封闭,人员不得进入塌陷区。

4)定期对作业人员进行安全培训,使其熟悉井下避险路线以及自救和互救知识。

(2)事故应急避险措施

1)当发现作业地点有冒顶预兆而当时又难以采取措施防止顶板冒落时,应迅速离开危险区,撤离到安全地点。

2）当发生冒顶而来不及撤离到安全地点时,应靠巷道侧壁贴身站立避险,但应注意防止巷道侧壁片帮伤人。

3）独头巷道迎头冒顶被堵后,被困人员应迅速集中起来主动听从危险区内班组长和有经验的作业人员的指挥,尽量减少体力消耗和隔堵区的氧气消耗,有计划地使用饮用水、食物和矿灯等,做好较长时间避险的准备。

4）如被困地点能与外界联系,应立即报告险情、遇

险人数和计划采取的避险自救措施；否则，应采取敲击钢轨、管道和岩石等方法，间断、有规律地发出求救信号，以便救援人员了解险情，组织力量进行抢救。

5）如被困地点有压风管，应打开压风管给被困人员输送新鲜空气，同时稀释隔堵区的有害气体。等待救援过程中，应注意保暖。

7. 边坡垮塌事故

(1)事故预防措施

1)自上而下分台阶分层开采,边坡参数符合要求。

①严格按设计自上而下分台阶分层开采。这有利于采场边坡的稳定,改善作业条件,减少滚石伤人。

②必须严格按照设计控制边坡参数,确保台阶高度、坡面角、安全平台宽度和最终边坡角等参数符合设计要求。严禁掏采,严禁在工作面形成伞檐、空洞。

③严格按设计进行爆破,采用合理的爆破技术,减少爆破作业对边坡稳定性的影响。

2)加强培训,强化边坡安全检查。

①加强对作业人员的安全培训,增强其安全素质和自我防护能力。

②必须建立边坡管理和检查、监测制度,定期对边坡进行安全检查,对坡体位移等主要参数进行监测,发现隐患及时处理。

3)按设计排土,加强排土场管理。

①按设计排土,确保排土场排土顺序、阶段高度、总堆置高度、安全平台宽度、总边坡角等参数符合设计要求。

②加强日常检查,对排土场排土参数、变形、裂缝、鼓底、滑坡等相关情况每周至少进行一次检查,雨季必须每天进行一次巡查,做好记录,出现异常情况及时向上级单位报告,并采取有效措施控制和处理。

③应加强排土场管理,圈定危险范围,并设立警示标志,严禁违规捡矿。

(2)事故应急避险措施

1)撤出事故范围和受影响范围内的作业人员,并设立警示标志,防止无关人员进入危险区。

2)若边坡垮塌造成人员被掩埋,应立即采取措施进行紧急抢救。为防止边坡垮塌事故扩大，可采用支柱、木板、沙袋等物品对垮塌边坡进行支撑，从两端或一端逐步清除坍碴，随挖随支撑，确保救援人员的安全。

3）应使用人工挖掘，防止救援不当造成被掩埋人员伤势加重。

4）抢救过程中必须设专人观察边坡及现场情况，并安排专人对边坡的浮石、杂物进行清理，避免二次伤害。

5）立即将抢救出的伤员转移至安全地点，清除其口、鼻内的异物，进行简易包扎、止血或简易骨折固定。对呼吸、心搏停止的伤员，应立即施以心肺复苏，并及时送往医院救治。

8. 尾矿库溃坝事故

（1）事故预防措施

1）建设规范、设计施工合规。

①尾矿库建设的勘察、设计、安全评价、施工及施工监理等工作必须由具有相应资质的单位承担。

②尾矿库工程施工必须做好施工记录，建立尾矿库工程档案，特别是隐蔽工程档案，并长期保存。隐蔽工程必须分段验收合格后，方可进行下一阶段施工。

2）严格按设计和规范进行日常运行管理。

①建立健全安全生产责任制，设立专门的管理机构，配备专（兼）职技术人员和安全管理人员。尾矿作业人员必须经专门的安全技术培训并考核合格，持证上岗。

②保障筑坝质量，筑坝材料、筑坝方式、子坝高度、内外边坡角等严格按设计要求确定。

③坚持均匀放矿，尾矿排放应按设计要求和年度排放计划进行。

④确保排洪系统可靠。

3）加强汛期检查维护工作。

①汛期前必须对尾矿库的泄洪能力进行复核，把库内水位降到最低。

尾矿排放应按设计要求和年度排放计划进行。

②汛期前应检查排洪构筑物有无变形、位移、损毁、淤堵等情况，及时维修和疏浚，确保排洪系统畅通。

③加强应急管理，制定切实可行的事故应急预案，同时要与有关政府、下游村镇建立应急联动机制，每年在汛期前组织一次应急演练。

（2）事故应急避险措施

1）作业现场派专人进行监测监控，发现尾矿坝异常或有滑坡预兆，及时通知作业人员撤离危险区域。

2）当监控人员或其他作业人员发现尾矿库发生险情

时,应立即通知现场所有作业人员转移,到安全地点待命,同时应立即报告本单位负责人和应急救援指挥中心。

3)尽快通知可能波及范围内的人员立即撤离到安全地点。

4)检查尾矿坝垮塌情况,采取有效措施防止二次溃坝。

四、典型案例

Dianxing Anli

典型案例

1. 某铜矿较大中毒和窒息事故
2. 某矿山井下重大火灾事故
3. 某铁矿重大透水事故
4. 某采石场较大爆破事故
5. 某石膏矿区采空区重大冒顶坍塌事故
6. 某铁矿特别重大排土场边坡垮塌事故
7. 某矿区特别重大尾矿库溃坝事故

1. 某铜矿较大中毒和窒息事故

2015年4月25日9时50分左右,云南省昆明市某铜矿1号井(溜井)的人行检查天井发生一起较大中毒和窒息事故,造成9人死亡、19人受伤,直接经济损失728万元。经查,该矿采用放炮方式处理堵塞的溜井后,矿领导等6名作业人员在未佩戴气体检测报警仪和自救器的情况下,盲目进入现场,吸入残留的炮烟造成中毒和窒息。事故发生后,该矿盲目组织人员在没有采取防护措施的情况下施救,又造成22人中毒和窒息,导致事故范围扩大。

• 事故教训 •

事故反映出该矿存在机械通风系统不健全、违章及冒险作业、安全管理混乱、应急救援不合理等问题。要想解决这些问题,应做好以下几点:

1)建立通风管理机构或配备专职通风技术人员和测风、测尘人员,通风作业人员必须经专门的安全技术培训并考核合格,持证上岗。

2)完善机械通风系统,独头采掘工作面和通风不良的采场必须安装局部通风机,严禁使用非矿用局部通风机,严禁无风、微风、循环风冒险作业。

3)强化监测监控,所有通风机必须安装开停传感器,主要通风机必须安装风压传感器,回风巷必须设置风速传感器。

4)及时封闭废弃井巷,并设置明显的警示标志。

5)在井下主要通道明确标示避险路线,并确保安全出口畅通。

6)制定中毒和窒息事故现场处置方案,定期对入井人员进行通风安全和防中毒和窒息事故专题教育培训,开展防中毒和窒息事故应急演练。

2. 某矿山井下重大火灾事故

2015年12月17日12时20分左右，辽宁省某矿业有限公司井下发生重大火灾事故，造成17人死亡、17人受伤（含3名救援人员），直接经济损失2 199.1万元。事故原因是该公司风井井巷钢棚支护施工过程中，作业人员在电焊作业时引燃木背板，致使用于接帮和接顶的木背板燃烧，产生的一氧化碳等有毒有害气体经风井与副井之间的旧巷和冒落的老空区形成的漏风通道进入副井，造成人员伤亡。

• 事故教训 •

事故反映出该公司存在安全管理制度不健全、安全管理混乱等问题。为此,应做好以下几点:

1)切实落实企业安全生产主体责任,建立安全管理机构,完善并严格执行以安全生产责任制为重点的各项规章制度,把安全生产责任层层落实到位。

2)落实非煤矿山企业领导带班下井制度,强化现场管理,严禁违章指挥、违章作业。

3)严格执行事故报告制度。一旦发现重大险情或事故,应按照有关规定及时报告,严禁违章指挥、盲目施救,防止事故扩大。

4)制定和完善事故应急预案,有针对性地组织应急知识培训,定期组织演练,切实提高作业人员的安全防范意识和应急处置能力。

5)必须为作业人员配备符合国家标准或行业标准的劳动防护用品,地下矿山企业必须为井下每个班组配备有毒有害气体检测报警仪,入井人员必须随身携带自救器。

6)扎实做好金属非金属矿山防火和通风安全管理。严格执行动火作业审批制度,制定安全技术防范措施,履行审批手续后,方可实施动火作业。

3. 某铁矿重大透水事故

2011年7月10日21时30分左右,山东省某矿业有限公司发生重大透水事故,造成23人死亡,直接经济损失2 864万元。经查,该公司铁矿采掘施工队非法违规开采露天采坑下部的保安矿柱,造成保安矿柱尺寸远小于设计尺寸,连续爆破致使保安矿柱倒塌,露天采坑内的尾矿和积水溃入井下,由此引发透水,造成人员被困。

• 事故教训 •

为避免此类事故再次发生，应做好以下几点：

1）掌握矿井透水主要预兆。

2）当发现工作面有透水预兆时，应立即停止作业，撤出人员，同时迅速报告有关部门。

3）当进行探放水工作时，应事先做好有关准备。选择好避险路线，确保发生透水后能迅速组织人员撤离。

4）当下部中段被淹时，应尽快关闭巷道防水闸门。人员撤至井底车场后，再关闭井底车场的防水闸门，以保护水泵房。

5）发生透水事故后，应启动井下所有排水设备排水。

4. 某采石场较大爆破事故

2010年3月19日19时57分左右,安徽省某采石场内发生一起较大爆破事故,造成4人死亡。事发前,工人正在爆破炸石。3名工人在山腰处塞炸药点火后,炸药并未及时爆破,工人折回处理"哑炮"时,"哑炮"突然爆炸,使山体发生大面积坍塌,3人瞬间被埋没。另有1人被飞石砸中,经抢救无效死亡。

• 事故教训 •

该起事故的原因是采石场雇用无爆破作业资质的人员在夜间进行爆破作业,采用国家明令禁止的扩壶爆破工艺,连接起爆网路时,违规操作,导致事故发生。为避免此类事故再次发生,应做好以下几点:

1)由具备相应资质的设计单位和人员,编制爆破设计书或说明书,并严格按设计施工,采用中深孔爆破。

2)爆破作业单位应当取得爆破作业单位许可证;爆破作业人员必须经过培训,并取得专业资格,严禁无证上岗。

3)加强爆破器材管理,严格执行领取、发放、退库制度,禁止采用非法和禁用的爆破器材。

4)禁止在工业电流环境影响下进行爆破作业,进行爆破器材加工和爆破作业的人员应穿防静电衣物。

5)确保爆破安全距离。相邻的小型露天采石场开采范围之间,以及采石场与周边生产生活设施之间的距离应当大于300 m。

5. 某石膏矿区采空区重大冒顶坍塌事故

2015年12月25日7时56分左右，山东省某石膏矿采空区发生重大冒顶坍塌事故，造成1人死亡、13人失踪，直接经济损失4 133.9万元。经查，某长期停产整合的石膏矿采空区经多年风化、蠕变，采场顶板垮塌不断扩展，使上覆巨厚石灰岩悬露面积不断增大，超过极限跨度后突然断裂，灰岩层积聚的弹性能瞬间释放形成矿震，引发相邻石膏矿上覆石灰岩垮塌，导致井巷工程区域性破坏，人员被困。

• 事故教训 •

为避免此类事故再次发生,应做好以下几点:

1)加强地下开采矿山地质环境监测监控,做好地质环境恢复与治理,严格控制矿山资源开发对矿山地质环境的破坏,最大限度地避免和减少矿山地质灾害的发生。

2)建立健全安全生产责任制,制定并严格执行安全生产规章制度和操作规程,依法设置安全管理机构并配备安全管理人员,保证安全生产投入的有效实施。

3)加快建立风险分级管控和隐患排查治理双重预防机制,进一步加强企业应急救援工作。

4)支持有条件的大中型矿山企业组建专职救援队,确保在第一时间展开救援。

6. 某铁矿特别重大排土场边坡垮塌事故

2008年8月1日0时45分左右,山西省太原市某矿业公司铁矿排土场发生一起特别重大边坡垮塌事故,造成45人死亡、1人受伤,直接经济损失3 080.23万元。经查,该矿南排土场1632平台外侧约10 m处发生大面积下沉,之后排土场发生垮塌、滑坡。在排土场垮塌滑体的压力作用下,黄土山梁土体向下移动,从而推垮并掩埋了距黄土山梁坡脚50 m处的部分房屋。

● 事故教训 ●

造成此次事故的主要原因：排土场地基土质松软，承载能力差；企业违规超排；有关部门对排土场没有实行安全监测；排土场下游民房的散居人员没有得到转移等。为此，应重点做好以下几点：

1）选定排土场位置后，应进行专门的工程地质、水文地质勘探和地形测绘，分析和确定排土参数，以保障安全。

2）必须按照《金属非金属矿山排土场安全生产规则》（AQ 2005—2005）和《金属非金属矿山安全规程》（GB 16423—2020）的规定进行排土场的设计和管理，确保其安全运营，防止发生排土场滑坡和泥石流。

3）加强排土场安全管理。清理排土场作业区和排土场边坡面扒渣捡矿违规行为；排土场坡脚与矿体开采点和其他构筑物之间应有一定的安全距离，在安全距离内严禁搭建与排土场安全设施无关的其他建（构）筑物；建立完善排土场监测系统，加强排土场监测工作。

4）加强排土场隐患排查与整改，对检查中发现的重大隐患，必须立即采取措施进行整改，并向相关部门报告。

7. 某矿区特别重大尾矿库溃坝事故

2008年9月8日7时58分左右,山西省某矿业有限公司尾矿库发生特别重大溃坝事故,造成277人死亡、4人失踪、33人受伤,直接经济损失9 619.2万元。经查,事故的直接原因是该公司非法违规建设、生产,致使尾矿堆积坝坡过陡。同时,采用库内铺设塑料防水膜防止尾矿水下渗和黄土贴坡阻挡坝内水外渗等错误做法,导致坝体发生局部渗透破坏,引起处于极限状态的坝体失去平衡、整体滑动,造成溃坝。

• 事故教训 •

事故反映出该公司存在长期非法采矿、选矿及安全管理混乱等问题。为有效解决这类问题，应做好以下几点：

1）所有尾矿库建设项目必须按规定履行项目论证、工程勘查、可行性研究、环境影响评价、安全预评价、设计审查、验收评价等程序，按照设计进行施工，依法履行竣工验收手续。特别是对于下游有重要设施、人员密集场所的尾矿库，必须进行严格的安全论证，在保障安全的前提下建设、使用。

2）企业必须制定行之有效的尾矿库安全管理制度，建立安全管理机构，落实安全管理责任，安全管理人员和尾矿工应经过培训并取得相应资格证书。

3）加强尾矿库运行的安全管理，按照《尾矿库安全规程》（GB 39496—2020）的规定进行筑坝和尾矿排放，控制坝体坡比和浸润线埋深，完善排洪排渗设施，确保干滩长度和调洪库容满足要求。

4）加强尾矿库的日常排放管理，制订严格的排放计划，实施均匀放矿。

5）落实隐患排查治理各项制度，加大隐患排查治理力度，及时消除事故隐患。

6）加强对尾矿库的日常监控，制定尾矿库应急预案，定期开展应急演练，建立有效的应急反应联动机制。